UN

VRAI PROGRÈS

GÉNÉRATEURS A VAPEUR INEXPLOSIBLES

DE M. J. BELLEVILLE

PAR

M. PAUL DALLOZ

PRIX : 1 FRANC

PARIS

LIBRAIRIE SCIENTIFIQUE, INDUSTRIELLE ET AGRICOLE

EUGÈNE LACROIX, ÉDITEUR

LIBRAIRE DE LA SOCIÉTÉ DES INGÉNIEURS CIVILS

15, QUAI MALAQUAIS, 15

1866

UN VRAI PROGRÈS

GÉNÉRATEURS A VAPEUR INEXPLOSIBLES

DE M. J. BELLEVILLE

PAR

M. PAUL DALLOZ

PRIX : 1 FRANC

PARIS

LIBRAIRIE SCIENTIFIQUE, INDUSTRIELLE ET AGRICOLE

EUGÈNE LACROIX, ÉDITEUR

LIBRAIRE DE LA SOCIÉTÉ DES INGÉNIEURS CIVILS

15, QUAI MALAQUAIS 15

1866

UN

VRAI PROGRÈS

GÉNÉRATEURS A VAPEUR INEXPLOSIBLES

DE M. J. BELLEVILLE

I

Plus que notre goût naturel, qui nous fait incliner vers les études littéraires et artistiques, notre position, qui nous met en contact journalier avec les hommes et les choses de l'industrie, nous a souvent conduit à traiter ces questions positives si chères à notre époque. Aussi, sans négliger le but pratique des inventions, avons-nous instinctivement toujours cherché dans nos travaux le côté vraiment poétique de ces conquêtes de l'homme sur la matière, conquêtes' obtenues à coups de volonté, de noble entêtement dans la mêlée des désespoirs qui, pour tout innovateur, naissent soit de l'indifférence, soit de l'incrédulité publique, soit enfin, et surtout, de l'esprit même d'invention, bien différent de l'esprit d'entreprise : l'un crée, l'autre réalise, ou, pour mieux dire, fait pénétrer les découvertes dans la pratique industrielle en pesant leurs chances de réussite par rapport aux besoins de l'époque qui les voit naître. Rarement existent dans le même homme ces deux qualités, et ainsi sont expliquées la plupart de ces injustices apparentes qui frappent les inventeurs, privés trop souvent des profits immédiats de leurs découvertes.

Ces blessures de la fortune aveugle, il est juste que la renommée les panse, et, s'il est vrai que la publicité de la presse soit le meilleur clairon de cette déesse des réputations, c'est de tout cœur que nous employons notre voix à raconter les audaces et les persévérances des pionniers du progrès.

Et nous mettons d'autant plus d'ardeur à cette
œuvre de vulgarisation, que les découvertes si
fréquentes de notre siècle, trop accusé de maté-
rialisme, ont dans leur application des résultats
éminemment favorables au développement de
l'esprit humain. C'est en s'affranchissant des rudes
labeurs de la matière qui énervent son corps, que
l'homme donne à la partie intellectuelle de son
être plus de facilité pour se manifester : corps et
âme ne font qu'un tout, qui profite des libertés
que l'un ou l'autre conquièrent. Le jour où fut
découverte la machine à vapeur, l'humanité, sen-
tant ses forces physiques centuplées, comprit
qu'elle avait des ailes pour réaliser ses rêves les
plus fantastiques de civilisation.

Après ce préambule peut-être un peu long, ce
mot machine à vapeur, écrit dans la phrase pré-
cédente, nous donne une transition toute natu-
relle pour arriver à l'invention, à l'inventeur qui
vont nous occuper, à M. Belleville, à ses générateurs inexplosibles.

« Tant vaut l'homme tant vaut la chose. »

Ce proverbe, si vrai dans toute entreprise, est encore plus juste lorsqu'il s'agit d'innovations. En effet, tant d'obstacles imprévus se présentent lors de la réalisation d'une découverte, la routine a une telle horreur du progrès, qu'il faut un homme dans toute la puissance de sa foi, toute la volonté de son initiative, pour vaincre les résistances actives et passives, qui se dressent, impitoyables, devant lui.

Ces barrières des intérêts froissés, ces fossés profonds de l'ignorance, ces haies épineuses de l'envie, ces torrents tumultueux des rivalités, ces marais stagnants de la négation, — ces mille obstacles enfin que la nature elle-même, jalouse de ses secrets, met sur la route de tout inventeur, M. Belleville les a franchis. Quinze années d'épreuves n'ont pu rebuter ses convictions, ni refroidir son courage; il avait le feu sacré et il est arrivé.

Le but de ses efforts fut, dès sa première tentative, de rendre inoffensive cette puissance terrible de la vapeur par la création de chaudières sérieusement inexplosibles. Espoir plein d'humanité en présence des affreux accidents qui ont fait tant de victimes, pensée toute favorable au développement même de cette force auxiliaire du bras de l'ouvrier !

Déjà des essais en ce sens avaient été faits, mais aucun n'avait donné un résultat complétement satisfaisant.

Ici doit se placer sous notre plume la description du principe sur lequel, à l'imitation de quelques prédécesseurs, M. Belleville établit son système.

Pour bien le faire comprendre, il est nécessaire que nous entrions dans les détails qui font des chaudières ordinaires où se produit la vapeur, des instruments redoutables.

Deux sortes de chaudières, à quelques modifications près, ont jusqu'à ce jour été employées. Les unes, dites à bouilleurs, se composent d'un vaste cylindre en tôle dans lequel l'eau en ébullition se vaporise sous l'action d'un feu énergique; une grande marmite, voilà le bouilleur; encombrant par l'espace qu'il occupe et dangereux par les incrustations calcaires que l'eau dépose sur son fond intérieur, juste à l'endroit où le feu vient en dessous chauffer le métal de la chaudière. Cette croûte pierreuse atteint-elle une certaine épaisseur, le métal isolé par elle de l'eau qui bouillonne à l'intérieur est porté au rouge par la flamme qui le chauffe incessamment. Qu'une fissure se produise dans cette couche isolante, l'eau mise en contact avec les rouges surfaces métalliques se vaporise instantanément, et sous la pression incalculable de ces flots de vapeur engendrés subitement, les parois de la chaudière volent en éclats, semant la mort autour d'elles. La matière a de cruelles représailles, elle vend cher sa soumission momentanée.

Pour obvier à l'inconvénient d'encombrement inhérent à ces bouilleurs, le système tubulaire aujourd'hui en vogue fut inventé. Des tubes de cuivre traversant la masse d'eau sont eux-mêmes traversés par la flamme, et la surface de chauffe, tout en ménageant l'espace, se trouve ainsi considérablement augmentée.

Mais dans ce second système, qui est celui de toutes les locomotives, encore mêmes dangers d'explosion.

Remplacer la masse d'eau en ébullition par de petites quantités introduites pour ainsi dire au fur et à mesure des pulsations de la machine mise en mouvement par la vapeur, réduire le grand diamètre des chaudières n'offrant à l'expansion brutale de la force produite qu'une résistance relativement faible, et, pour cela, créer des séries de tubes offrant par leur petit diamètre la même différence de résistance entre eux et les chaudières ordinaires que celle qui existe entre un cerceau et un anneau de mêmes épaisseurs, telle fut l'origine des chaudières Belleville.

Mais, ainsi qu'on va le voir, pour produire la précieuse vapeur dans des conditions utiles de continuité et de qualité, que d'études à partir de cette idée première de chaudières exclusivement tubulaires où les tubes reçoivent à l'intérieur l'eau, tandis que dans les autres portant le même nom les tubes reçoivent intérieurement l'action du feu!

Nous le répétons, beaucoup d'autres avant M. Belleville ont cherché à appliquer utilement ce principe, qui vient naturellement à l'esprit, mais la pratique a signalé dans leurs appareils des inconvénients qui ont souvent engagé la grande industrie à s'abstenir de leur usage.

C'est l'historique de cette lutte d'où M. Belleville vient de sortir triomphant, que nous voulons retracer ici. — On a compris, nous l'espérons du moins, quelles sécurités offre un système établi d'après les données générales que nous avons essayé de décrire. Qu'un tube (en admettant l'incurie du chauffeur chargé de le nettoyer) vienne à s'encombrer de dépôts calcaires, il est probable que, vu sa force annulaire de résistance, il pourra supporter les pressions instantanées qui se produiront sur une faible quantité d'eau, et vînt-il à céder, il n'occasionnera certainement pas les malheurs que l'explosion d'une chaudière contenant dans ses larges flancs des milliers de litres d'eau entraîne infailliblement avec elle.

Les avantages secondaires des générateurs auxquels M. Belleville a donné son nom apparaîtront dans le récit des transformations successives que des expériences continues ont indiquées.

Nous contraindrions nos lecteurs à digérer un gros volume, si nous voulions suivre pas à pas les mille et un changements que M. Belleville s'est vu dans l'obligation de faire subir à ses appareils pendant une période de quinze années, pour arriver à surmonter les difficultés qui se reproduisaient d'une manière incessante sous des aspects divers et qui naissaient pour ainsi dire les unes des autres.

Le résumé très-succinct des principales dispositions qui ont servi de type à un grand nombre d'appareils d'essais sera, nous le craignons, en—core long ! Mais on ne passe pas en revue dans une minute le quart de la vie d'un homme.

L'idée première date du commencement de 1850, le premier brevet du 28 août de la même année.

Depuis lors, et jusqu'à ce que le but ait été atteint, les modifications successives ont nécessité la prise d'une vingtaine de brevets d'additions et de perfectionnements.

Le but cherché était, avant tout, *l'inexplosibilité; l'économie de combustible, de place et de poids; la production rapide et abondante de vapeur sèche.*

La difficulté de se procurer la matière première, c'est-à-dire de bons tubes, a été un des plus grands obstacles pendant les cinq premières années d'essais.

Les premiers appareils de 1850 étaient composés de tubes en fonte dont les formes et les épaisseurs ont été variées en vain pour obvier aux ruptures occasionnées par les différences de dilatations. Une année d'expériences infructueuses a conduit M. Belleville à l'emploi des tubes en fer dits *tubes à gaz*, les seuls qu'il était alors possible de se procurer en France, l'importation des tubes en fer anglais, spéciaux pour chaudières à vapeur, étant alors prohibée.

Mais ces tubes étaient loin de la perfection : leur soudure imparfaite a occasionné à l'inventeur de nombreux déboires pendant une période de cinq années; un seul fait en démontrera toute l'importance.

En 1855, la corvette de l'Etat de 200 chevaux *la Biche*, munie de quatre générateurs Belleville, fit un trajet d'essai de Cherbourg à Brest. De retour à Cherbourg, un seul des quatre générateurs était encore en service; les trois autres avaient été successivement arrêtés par le fait d'un seul tube qui, dans chacun d'eux, s'était ouvert sur une longueur de 30 à 50 centimètres, d'une quantité à peine suffisante pour y introduire une feuille de papier. Ces tubes, collés et non soudés, s'ouvraient ainsi sous l'action d'un certain nombre de dilatations et contractions successives, cédant plus ou moins vite, suivant le degré d'adhérence des deux lèvres du métal rapproché.

Le décret de 1856 ayant levé la prohibition des tubes anglais, c'est alors seulement que M. Belleville a pu se procurer des tubes dits soudés à recouvrement, qui remplissent parfaitement les conditions de qualité et de solidité voulues. (Pas un seul des tubes des générateurs de l'aviso *l'Argus*, en service depuis cinq ans, n'a fait défaut.)

Ce qui précède résume les principaux obstacles relatifs à la matière elle-même. Nous dirons maintenant quelques mots des dispositions diverses essayées pour la création d'appareils devant servir de types.

Les premiers appareils se composaient de séries de tubes disposés horizontalement au-dessus du foyer et communiquant ensemble par leur partie postérieure ; chacun de ces tubes, dont la surface chauffée devait toujours être sèche, était destiné à produire une vaporisation instantanée, par l'injection d'un filet d'eau à travers un orifice capillaire.

L'alimentation et la pression de la vapeur étaient réglées par un organe désigné sous le nom de soupape régulatrice de pression et d'alimentation, mis en communication avec le tuyau de refoulement de la pompe alimentaire et chargé d'un poids correspondant à la pression à laquelle on voulait produire la vapeur.

Cet organe essentiel, qui a toujours été con-servé à travers toutes les transformations, avait pour objet d'équilibrer la pression de la vapeur avec celle de l'eau d'alimentation et de laisser déverser au dehors les quantités d'eau fournies en excès par la pompe alimentaire. Il existait ainsi à chaque orifice d'injection une lutte con-stante entre l'eau et la vapeur. Si, comme exemple, on admet la soupape régulatrice chargée à cinq atmosphères, l'eau pénétrait dans les tubes jus-qu'à ce que la vapeur formée eût atteint cinq at-mosphères : il y avait alors équilibre de pression ; mais aussitôt que cette limite était dépassée de la plus minime fraction, la vapeur s'injectait dans l'eau à travers les orifices capillaires, en produi-sant une sorte de miaulement. Au moindre abais-sement de pression résultant de la dépense de vapeur, l'eau pénétrait de nouveau dans les tubes et reformait instantanément un volume de vapeur équivalent à celui dépensé ; cette action intermittente se produisait d'une manière très-régulière.

Ces appareils à vaporisation instantanée, dont le principe et le mode de travail étaient très-attrayants, ont dû être abandonnés, après essais d'un grand nombre de modifications dans les formes et les dispositions, pour tâcher d'annihiler les inconvénients pratiques qu'ils présentaient. Certaines de ces dispositions avaient cependant une grande analogie, comme aspect, avec les appareils qui, dix ans plus tard, ont résolu le problème cherché ; il fallait simplement, tout en conservant à peu près les mêmes formes, supprimer l'instantanéité de la vaporisation et changer le point d'alimentation ; on fût ainsi arrivé au but dix ans plus tôt, et l'on aurait économisé les labeurs et les sacrifices de cette longue période de recherches. Mais, de même que l'homme passe souvent à côté du bonheur après lequel il court, de même les inventeurs vont chercher bien loin les vérités que touche leur main. Les choses simples sont longues à découvrir. Heureux encore ceux qui finissent par y arriver !

Au nombre des difficultés et des inconvénients qu'a révélés l'emploi des appareils à vaporisation instantanée, nous nous bornerons à citer le plus grave, qui était inhérent au principe.

Les surfaces des tubes, pour être maintenues sèches, condition indispensable pour obtenir une vaporisation instantanée, devaient être entretenues constamment à une température élevée, très-difficile à régler, et qui atteignait fréquemment le rouge ; en outre, lorsqu'on venait à stopper la machine, les tubes, ne contenant pas un atome d'eau et ne dépensant plus de chaleur, atteignaient en quelques minutes le rouge blanc : il résultait de cet état de choses et la destruction rapide des tubes et la dislocation des jonctions.

En présence de cette difficulté insurmontable, l'inventeur a dû abandonner le principe d'instantanéité absolue de vaporisation proprement dite : il a étudié et essayé alors une nombreuse série d'appareils ayant pour type une seule circulation dans un tube en serpentin, dont les formes coniques, cylindriques, rectangulaires ou carrées, ont

2

été variées à l'infini, mais dont les spirales simples ou entrelacées formaient toujours un parcours ascendant, disposé autour du foyer. L'eau d'alimentation étant introduite par la base du serpentin, c'est-à-dire dans la partie la plus rapprochée du feu pour le garantir de la prompte détérioration signalée dans les appareils du type précédent, s'élevait graduellement dans les spirales, jusqu'à ce que la pression de la vapeur, en agissant sur le sommet de la colonne liquide, puisse s'équilibrer avec la charge de la soupape régulatrice de pression et d'alimentation, comme il vient d'être expliqué pour les appareils du type décrit précédemment.

Avec cette disposition d'appareils, le volume de vapeur produite augmentait à mesure que l'eau, en s'élevant dans les spirales, mouillait une plus grande somme de surfaces de tubes, et, inversement, le volume produit diminuait lorsque la pression de la vapeur, plus puissante que la charge de a soupape régulatrice, réagissait sur l'eau et la retoulait vers sa source, en diminuant ainsi la somme de surface de chauffe mouillée.

Les divers appareils de ce type présentaient en général de graves inconvénients pratiques, au nombre desquels nous citerons seulement :

1° Les refoulements occasionnés par la formation de chambres de vapeur dans la partie du parcours de la colonne liquide qui était la plus rapprochée du feu ; cette vapeur entraînait ou plutôt tamponnait devant elle l'eau qui s'y trouvait ; cette eau, tout à coup projetée sur des surfaces sèches et très-chaudes, occasionnait des vaporisations brusques, qui, en élevant subitement la pression de plusieurs atmosphères, étaient aussi nuisibles à la solidité des machines qu'à la régularité de leur marche ;

2° La mauvaise utilisation de la chaleur résultant de la disposition des appareils qui, ne faisant qu'envelopper le foyer, laissaient échapper les produits de la combustion à une très-haute température ;

3° Par le fait même de cette disposition, les spirales supérieures d'où se dégage la vapeur recevaient et le rayonnement direct du foyer et le contact des gaz enflammés ; la vapeur était alors produite fréquemment à une température rouge, c'est-à-dire dans des conditions où elle ne peut être pratiquement utilisée.

L'essai le plus important de ce type d'appareils a été celui fait sur la corvette *la Biche* en 1854.

Pour obvier aux nombreux inconvénients pratiques dont les principaux seulement viennent d'être indiqués, M. Belleville a dû abandonner le type d'appareils formés de spirales ascendantes disposées autour d'un foyer ; il est entré dans une autre voie, il a alors combiné et essayé une série d'appareils de dispositions dites horizontales.

Elles se composaient d'abord de deux serpentins cylindriques concentriques disposés dans le prolongement du foyer. Comme on l'a vu précédemment, l'alimentation ne pouvant se faire près du foyer par suite des formations de poches de vapeur et des refoulements destructifs qui en étaient la conséquence, l'eau pénétrait dans l'appareil par l'extrémité postérieure du serpentin intérieur, dans lequel l'eau circulait en s'avançant graduellement vers le foyer à mesure qu'elle s'échauffait : la vapeur formée circulait en s'éloignant du foyer dans le serpentin extérieur, tout en réagissant sur la tête de la colonne liquide pour s'équilibrer avec la charge de la soupape régulatrice d'alimentation et de pression, comme dans les appareils du type précédemment décrit.

Le foyer était alors pourvu d'une grille inclinée à alimentation continue, combinée par l'inventeur pour arriver à rendre la température régulière, et obvier ainsi en partie aux graves inconvénients signalés dans le cours des essais antérieurs et provenant des grands écarts de température dans le foyer.

Ce système de grille remplissait parfaitement le but proposé; il a fait l'objet d'un rapport extrêmement favorable au ministre de la marine; mais, comme on le verra plus loin, ce remède a engendré d'autres maux plus graves que le mal qu'il voulait éviter : aussi dut-il être abandonné.

II

Toutes les tentatives infructueuses que j'ai déjà
énumérées auraient lassé un chercheur moins te-
nace que M. Belleville : mais les entêtés, en fait
d'inventions, ont du bon ; pour ma part, plus un
homme a lutté, plus je me sens disposé à applau-
dir à sa victoire. Les volontés persistantes dans
les milieux muables où s'agite notre vie ont droit
à l'admiration tout autant que les spontanéités
du génie, qui ne sont elles-mêmes, en vérité,

que des explosions longuement préparées. On ne dit pas sans raison : le génie de la patience.

Poursuivons donc notre historique : ces mille détails auront, je n'en doute pas, pour ceux qui savent ce que sont ces batailles répétées contre la matière rebelle, quelque intérêt en dépit de leur longueur : on aime à voir un homme aux prises avec l'inconnu. Et qui sait si un jour on ne sera pas bien aise de retrouver ici la série des filières par lesquelles cette invention a dû passer avant d'aboutir au progrès définitif que nous enregistrons? D'autres chercheurs y puiseront peut-être des enseignements et s'éviteront des tentatives inutiles. Des découvertes en apparence les plus étrangères les unes aux autres ont des liens de parenté, dont les inventeurs eux-mêmes ne se rendent pas toujours compte. On invente par rapprochement, par analogie, et les nouveautés les plus surprenantes ne naissent que de la combinaison d'éléments connus.

Quels monceaux de ferraille dut entasser M. Belleville avant d'arriver à un type satisfaisant : du fer, de la fonte et du cuivre, de quoi remplir à lui tout seul ces noires boutiques de la fameuse rue de Lappe, où sont allées mourir tant d'inventions, faute parfois d'un jour de persévérance de plus, faute aussi, et trop souvent, d'un billet de cent francs venu à temps! Mais mon intention n'est nullement de vous mener dans ce triste cimetière des créations avortées où des milliers de machines, qui, toutes, au dire de leurs pères enthousiastes, devaient révolutionner le monde, gisent brisées dans un affreux pêle-mêle, attendant qu'on vienne les acheter au poids. En disant que la découverte présente a aussi fourni sa large part de ces amas de fer, j'ai seulement voulu rendre hommage à cette volonté aiguë nécessaire pour marcher sans trêve et sans défaillance vers le même but, alors qu'on est forcé vingt fois de porter soi-même le marteau démolisseur sur son œuvre; et l'exemple de M. Belleville est un encouragement que j'envoie ici à tous les chercheurs.

J'en étais, si je ne me trompe, arrivé dans mon

récit à la période d'essais où des serpentins cylindriques promettaient le succès. Encore une fausse
espérance!... Comme leurs prédécesseurs, les
serpentins cylindriques concentriques durent être
remplacés, pour cause de difficultés inhérentes à
leur disposition et à leur mode de construction,
par des appareils de la même famille, sinon du
même type, composés de trois serpentins dont
les spirales héliçoïdes oblongues avaient la forme
d'un O très-allongé. Ces trois serpentins étaient
enchevêtrés les uns dans les autres, et formaient
ensemble un groupe de tubes disposé dans le
prolongement du foyer. Toutes les parties droites
des tubes avaient une direction verticale, de telle
sorte qu'en regardant de face ce groupe, on
voyait six lignes de tubes verticaux et cinq écar-
tements égaux qui existaient en ligne droite dans
toute la longueur de l'appareil et formaient des
canaux pour le passage des gaz chauds. Suivez
bien, je vous prie, la description des phénomènes
sur lesquels cette ingénieuse disposition permet-
tait de compter.

L'eau introduite par l'extrémité arrière du serpentin central s'avançait vers le foyer; la vapeur formée circulait d'avant en arrière et simultanément dans les serpentins des côtés en s'éloignant du foyer : de cette façon, l'eau et la vapeur mêlée d'eau se mouvaient en sens inverse de la fumée, tandis qu'au contraire la vapeur s'éloignait du foyer à mesure qu'elle se desséchait. Il résultait de ce mouvement que l'extrémité de la circulation de vapeur était mise en contact avec les spirales qui contenaient l'eau la plus froide, pour empêcher ainsi la vapeur de s'élever à la température excessive qu'elle atteignait dans les appareils des types précédemment décrits.

J'insiste autant sur ce type d'appareils de disposition dite *horizontale*, parce que c'est celui qui s'est le plus rapproché du succès, et ses applications d'essais ont eu un juste retentissement. Je citerai particulièrement la deuxième application de 200 chevaux faite sur la corvette *la Biche*, qui a été visitée successivement à Cherbourg avec grand intérêt par le Prince Napoléon, les princes Oscar de Suède, Adalbert de Prusse, Maximilien d'Autriche, Constantin de Russie, et par les ingénieurs et officiers des amirautés d'Angleterre, de Prusse, d'Autriche, de Russie, de Suède, etc., etc.;

L'application de 100 chevaux faite à Rouen sur le navire *Seine-et-Rhône* de la Compagnie générale maritime;

L'application faite, à la même époque, sur la machine locomotive n° 51 des chemins de fer de l'Est, qui, après essais, a reçu son permis d'entrée en service par les ingénieurs du contrôle, et a fait pendant un mois environ un service régulier entre Epernay, Châlons et Bar-le-Duc.

Ce type d'appareils, qui date de 1856, dut subir de nombreuses modifications de détails jusqu'en 1859, époque à laquelle l'inventeur s'est vu dans l'obligation de l'abandonner comme les précédents, par suite des difficultés pratiques qui lui étaient inhérentes et qui n'ont pu être surmontées.

La partie des serpentins exposée à l'action directe du feu, ne contenant pas d'eau, atteignait rapidement, lors des temps d'arrêt, la température du rouge-blanc; cette haute température était communiquée par la maçonnerie qui touchait de plus près les côtés et le dessus du foyer à la façon des fours à réverbère, et qui était rendue nécessaire par la disposition même des appareils et de la grille à alimentation continue mentionnée d'autre part. En outre, la combustion très-régulière produite par cette grille ne pouvait être supprimée pendant les temps d'arrêt, d'où résultait une destruction rapide des tubes.

C'est ainsi que la corvette *la Biche*, après vingt-quatre heures de bonne marche, subissait une avarie dans ses appareils; après vingt minutes d'arrêt, les tubes ayant atteint la température du ramollissement du fer, l'un d'eux se déchirait lors de la remise en marche, sous l'action de la simple pression de la vapeur.

Les deux serpentins latéraux dans lesquels la vapeur circulait simultanément en s'éloignant du foyer, et dont la nécessité avait été reconnue pour obtenir une section totale suffisante à l'écoulement des volumes de vapeur à produire, travaillaient avec une inégalité telle, qu'il arrivait finalement que l'un atteignait la température rouge, alors que l'autre se couvrait de noir de fumée. Ce fait se produisait alternativement, et devenait bien plus nuisible encore lorsqu'on était obligé, eu égard à la puissance des appareils, de placer à la suite d'un même foyer deux groupes de tubes de trois serpentins chacun, disposés côte à côte, comme cela avait lieu pour les applications aux navires et machines locomotives dont j'ai parlé plus haut.

Il advenait qu'un groupe atteignait la température rouge et produisait de la vapeur à une température excessive, alors que l'autre, absorbant la presque totalité de l'eau d'alimentation, qui était trop considérable pour sa puissance de vaporisation, ne fournissait plus qu'un mélange d'eau et de vapeur.

A ces graves inconvénients s'en joignaient beaucoup d'autres, tels que difficulté de nettoyage

extérieur des tubes (nous ne parlerons que plus
tard de celles relatives à l'intérieur); difficulté de
réparations; encombrement résultant de la disposition horizontale, etc., etc.

En présence de ces obstacles toujours se re-
nouvelant et renaissant pour ainsi dire comme
les têtes de l'hydre de Lerne, M. Belleville, sans
abandonner la partie, comprit que prolonger la
lutte dans cet ordre d'idées était inutile. De
toutes parts les appareils essayés étaient mis au
rebut, la situation devenait critique. Il se concen-
tre alors pour tenter un suprême effort en mettant
à profit ce que les innombrables essais représen-
tés par autant de déboires lui avaient fait acqué-
rir d'expérience dans ces sortes de travaux. Il se
remet à l'œuvre et de plus belle, et se trace un
nouveau plan d'opérations d'où il élimine toutes
les choses qu'il avait reconnues irréalisables.
Ayant chèrement beaucoup appris et n'ayant rien
oublié des difficultés qui s'étaient successivement
reproduites sous diverses formes (et qui, nous
l'avons dit, étaient souvent engendrées les unes

par la suppression des autres), il s'oriente avec
le fanal de ses convictions dans ce dédale et com-
bine, en 1859, le type d'appareils *à circulation
multiple* dont je vais donner la description. Le
problème cherché avec opiniâtreté était résolu, il
avait enfin touché du doigt le mystérieux bouton
d'or de la porte du succès; succès dont l'essor
n'est limité que par les préventions naturelles
qu'ont laissées dans l'esprit public les dix premières années de tentatives avortées; car il ne
suffit pas, après tant d'échecs, de crier victoire :
il faut renverser les doutes que les défaites ont
fait naître, et le passé est un lourd boulet que
l'on traîne longtemps après son char de triomphe.
Mais, Dieu merci, la vérité est une force irrésis-
tible, et, du jour où M. Belleville comprit qu'il
l'avait pour alliée, tous ses soucis s'évanouirent;
il oublia ses dix années de peine pour ne songer
qu'à marcher en avant et sauter lestement par-
dessus les difficultés accessoires.

Dernières étapes, derniers obstacles. Après avoir
étudié et appliqué pratiquement à des exploita-

tions industrielles des appareils à circulation multiple (désignés aujourd'hui sous le nom d'appareils marins, parce qu'ils sont exclusivement
réservés à ce genre d'applications, pour lesquels
on se sert de condenseur à surface, et, par suite,
d'eau distillée), M. Belleville ne tarda pas à re-
connaître que le mode de nettoyage chimique sur
lequel il avait compté pour débarrasser l'intérieur
des tubes des dépôts calcaires abandonnés par
l'eau était plus ou moins efficace dans certains
cas.

Pour résoudre au plus vite cette difficulté, d'une
très-haute importance pour l'industrie, qui em-
ploie à l'alimentation de ses chaudières des eaux
plus ou moins calcaires, cause principale des fou-
droyantes explosions, notre inventeur se remit au
travail, d'avril 1860 à juillet 1861, époque à laquelle il a couronné son œuvre par une solution
des plus satisfaisantes. Mais, rien que pour obvier
à cet inconvénient, plus grave, il est vrai, dans
des tubes que dans les chaudières de grand diamètre, c'est encore une dizaine d'appareils qu'il

dut étudier et construire. Mieux que personne, il put dire : On n'obtient rien sans peine.

Je terminerai ce travail en décrivant la disposition d'ensemble, le mode de travail et les avantages réalisés par les générateurs inexplosibles perfectionnés, qui, depuis 1861, sont employés avec plein succès par quelques administrations publiques et par diverses industries. J'ajouterai dès aujourd'hui, pour bien établir toute la confiance que ces générateurs inexplosibles m'inspirent, que les ateliers du *Moniteur* auront bientôt leur chaudière Belleville. Quand on use chaque jour de la vapeur, on ne saurait être trop prudent. On ne saute qu'une fois... le fossé de la mort, et quand on a charge de plusieurs centaines d'ouvriers, l'insouciance pour un progrès qui intéresse à un si haut degré leur sécurité serait impardonnable !

———

III

Encore dix minutes d'attention, lecteurs, et j'en ai fini avec ce travail que ma bonne volonté n'a pu abréger davantage. La question que je traite se présente avec un tel cortége de détails, qu'être plus concis serait être obscur.

J'entre dans la description du type définitif qui a réalisé les longues espérances de M. Belleville.

Les mots sont rebelles et lents à exprimer ce qu'un coup d'œil nous fait saisir si rapidement.

Aussi dois-je appeler à mon aide la gravure, ce prompt et sûr moyen de vulgarisation, qui est à une description ce que les chemins de fer sont aux diligences. Je voudrais ainsi vous mettre en présence des appareils mêmes, et vous faire toucher du doigt leurs simples et ingénieuses combinaisons. On a trop considéré jusqu'à ce jour les publications illustrées comme une récréation, une curiosité : l'illustration est le plus précieux auxiliaire de tout enseignement, et si les presses à journaux n'étaient empêchées, par la rapidité de leurs mouvements, de donner de satisfaisants résultats dans l'impression des gravures, nous ferions souvent appel à leur secours.

L'œil est le chemin le plus court des objets à la pensée. Quelque nette et précise que soit une description, quelque soin que l'on apporte à se faire comprendre, le crayon défie comme précision la plume la plus consciencieuse. Malgré les difficultés d'exécution inhérentes à la célérité, presque télégraphique, nécessaire à l'impression des journaux quotidiens se tirant à un grand nombre d'exemplaires, il nous est permis d'enrichir quelquefois notre texte de dessins spécialement gravés dans ce but. Les ombres, les teintes nous sont, il est vrai, interdites, mais les traits qui forment comme le squelette des machines se laissent passablement reproduire par nos presses à grande vitesse. Je voudrais pouvoir faire mieux, et je ne désespère pas de l'habileté de nos mécaniciens pour résoudre le problème de ces impressions délicates. En attendant, je profite de ce que nous donnent pour le moment nos outils ordinaires : il y a commencement à tout.

Pour satisfaire aux exigences diverses de l'industrie et de la locomotion terrestre ou marine, M. Belleville a créé trois types spéciaux d'appareils :

1° Le type pour machines fixes, employé pour l'alimentation des machines fixes de tous systèmes, pour l'utilisation des chaleurs perdues et la production de vapeur nécessaire aux divers besoins industriels, chauffage, séchage, cuisson, etc., etc. C'est le type destiné aux industries qui permettent une installation sédentaire ;

2° Le type pour machines mobiles, locomotives, locomobiles, embarcations, machines agricoles, pompes à incendie, grues, etc., etc.;

3° Le type pour machines marines.

Ces trois types d'appareils sont absolument établis sur le même principe; leur disposition d'ensemble et leur mode de travail est le même. Je ferai comprendre facilement en quoi consiste la différence qui existe entre eux en disant, par exemple, que le type pour machines mobiles, locomotives ou autres, a été étudié et groupé tout spécialement en vue d'obtenir avec les moindres volumes et poids possibles des générateurs d'une grande puissance relative et d'une solidité telle qu'ils puissent résister aux trépidations et aux chocs auxquels ils sont exposés par la nature même de leur emploi.

La gravure sur laquelle on pourra suivre, si l'on est quelque peu patient, notre explication, représente une coupe longitudinale à l'échelle du vingtième d'un des générateurs d'embarcations de la marine impériale qui fait partie du type pour machines mobiles, et constitue l'appareil réduit à sa plus simple expression.

Tous les appareils consistent en des séries de tubes générateurs, sortes de vases communiquants

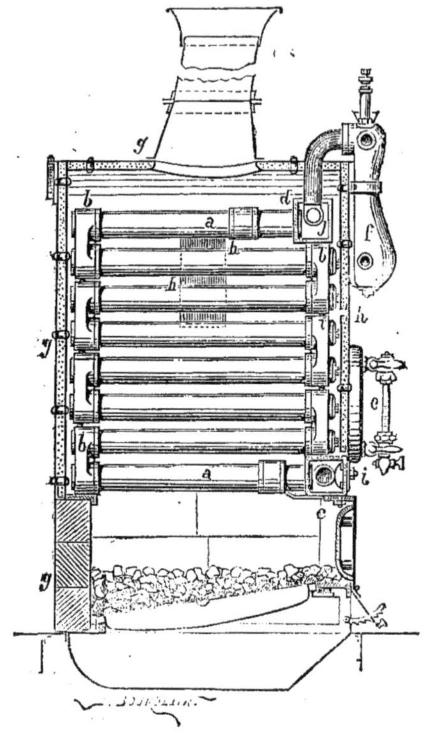

(*a*), composés d'un nombre plus ou moins grand de ces tubes superposés horizontalement en quin-conce, disposés au-dessus d'un foyer, et reliés successivement les uns aux autres par des coudes ou raccords de communication (*b*). Les extrémités inférieure ou supérieure de chaque groupe communiquent avec deux tubes (*c* et *d*) disposés transversalement et désignés sous le nom de collecteurs inférieur et supérieur, de telle sorte que chaque série (*a*) puise son alimentation dans le collecteur inférieur (*c*), et déverse le produit de sa vaporisation dans le collecteur supérieur (*d*).

Chaque tube est muni d'un bouchon de nettoyage (*i*) dont le démontage s'exécute toujours très-facilement et très-promptement.

Les appareils sont pourvus :

D'un robinet gradué d'alimentation ;

D'un cylindre-niveau (*e*) avec tube en verre disposé longitudinalement sur le côté à l'extérieur du générateur. Ce cylindre est en communication par sa partie supérieure avec le tube collecteur supérieur (*d*), et par sa partie inférieure avec le tube collecteur inférieur (*c*);

D'un épurateur (*j*), et d'autres pièces accessoires secondaires que je crois pouvoir passer sous silence sans nuire à cette description.

Les enveloppes (*g*), sorte de four dans lequel le générateur vient se loger, se composent de briques, tôles et cornières, employées en proportions variables selon la disposition appropriée à chaque type. Elles sont pourvues de portes (*h*) que je prie le lecteur de deviner sur le dessin pris de profil ; ces portes facilitent l'abord des tubes pour en opérer le nettoyage, intérieur et extérieur.

J'ai choisi le spécimen représenté par la gravure intercalée plus haut, parce que c'est à bord d'une barque de petite dimension que l'installation de chaudière de tout système offre toujours les plus grandes difficultés, et que la réussite dans ces conditions est un double succès.

J'insisterai donc sur ce type que j'ai pris comme exemple, pour faire mieux ressortir les avantages de l'invention de M. Belleville. Qui peut le plus, peut le moins. Les générateurs placés à erre jouissent naturellement des facilités de con-

struction données par de moindres exigences d'é-
conomie de place.

Ces appareils d'embarcations ont été étudiés
par M. Belleville, sur la demande de l'éminent
directeur du matériel de la marine, M. Dupuy de
Lôme, qui, après avoir, en 1857, proposé au ministre de discontinuer les essais, alors infructueux,
faits sur la corvette *la Biche*, a lui-même proposé la nouvelle application faite en 1860 avec
plein succès sur l'aviso *l'Argus*, et ultérieure-
ment sur le transport *la Vienne*. Cet ingénieur, au-
quel on doit les belles transformations accomplies
depuis quatorze ans dans le matériel de la flotte
(le vaisseau mixte à grande vitesse *le Napoléon*, la
frégate cuirassée *la Gloire*, etc., etc.), avait compris qu'en 1857 le problème cherché par M. Belleville n'était pas mûr, mais qu'en 1860 il arrivait à solution. Sans crainte de paraître se déju-
ger, M. Dupuy de Lôme, dont la droiture égale
le mérite, n'a écouté que sa conviction. C'est là
le signe des hautes et belles intelligences qui n'ont
pour mobile que la vérité. L'Angleterre, qui s'y

connaît en fait de constructions maritimes, serait fière de posséder un tel ingénieur. Mais, Dieu merci, il appartient à la France, où son nom jouit de la plus juste renommée.

Je me sens donc à l'aise pour parler des sérieux avantages des générateurs de M. Belleville lorsque ma modeste opinion se rencontre avec celle d'un homme aussi compétent que M. Dupuy de Lôme. Dernièrement j'eus l'honneur de l'écouter et je reçus de sa bouche l'avis le plus favorable au nouveau système. Sans restriction aucune en ce qui concerne l'application à terre des chaudières Belleville, son éloge se résuma en ces mots :

« Je ne regrette qu'une chose, c'est que l'emploi de l'eau de mer, qui incruste déjà si rapidement nos larges chaudières, ne retarde encore, pour la marine, l'usage définitif de ces générateurs à tubes; mais bientôt peut-être des condenseurs à surface, exempts des inconvénients qu'ont présentés ceux déjà essayés, permettront d'alimenter les chaudières Belleville avec la vapeur condensée après son travail dans les cylindres, et alors un grand pas sera fait. »

A ces mots j'ajouterai que M. Belleville poursuit ardemment l'étude d'un condenseur, et que des essais sur des machines de 40 à 50 chevaux lui donnent déjà tout espoir d'une réussite.

Mais je m'éloigne de mon sujet immédiat. Je reviens donc au type qui m'occupe, laissant de côté la question des eaux salées, qui ne sont pas à redouter dans des appareils destinés à un service momentané comme ceux des embarcations.

Les générateurs inexplosibles pour embarcations, comparés aux chaudières tubulaires en acier les plus légères et les plus savamment étudiées pour cet usage, donnent à égalité de surface de chauffe les avantages suivants : économie de poids, environ 40 0/0 ; économie de place, 50 0/0 ; économie de combustible, 30 0/0 ; une production de vapeur surabondante qu'il faut constamment modérer alors même que la machine tourne à une vitesse beaucoup plus grande que celle de son régime normal ; la mise en pression en dix ou douze minutes, au lieu d'une heure et plus ; mais avant tout l'*inexplosibilité* : on comprend sans peine que la plus minime explosion se produisant à bord d'une embarcation de vaisseau aurait pour conséquence immédiate sa perte, corps et biens.

En s'aidant encore des lettres inscrites sur le cliché ci-dessus, on comprendra facilement le mode de travail très-simple des appareils.

La soupape régulatrice d'alimentation dont il a été parlé dans le début étant chargée à la pression voulue, l'eau fournie par la pompe alimentaire de la machine (ou par tout autre moyen) pénètre dans le cylindre-niveau (*e*) ; en passant par le robinet gradué d'alimentation, le cylindre-niveau, étant en communication avec les collecteurs supérieur et inférieur (*d* et *c*), se trouve être ainsi en parfait équilibre de pression avec l'intérieur du générateur. Du cylindre-niveau, l'eau d'alimentation pénètre dans le collecteur inférieur (*c*) et s'élève simultanément dans les étages de chaque série de tubes générateurs (*a*) jusqu'à ce que son niveau soit à la même hauteur dans les tubes que dans le cylindre-niveau et, partant, dans le tube en verre de ce cylindre qui sert d'indicateur pour maintenir l'eau à la hauteur convenable.

Les tubes du rang inférieur, c'est-à-dire ceux qui sont les plus rapprochés du feu, sont traversés par le courant d'eau, à la température la moins élevée; ils sont ainsi à l'abri de l'usure et des coups de feu.

C'est dans les 2ᵉ et 3ᵉ rangs de tubes que l'ébullition est le plus active et que les bulles de vapeur, à mesure qu'elles se dégagent, entraînent avec elles une quantité relativement grande d'eau à l'état vésiculaire; ces gouttelettes, auxquelles la vapeur sert de véhicule, se vaporisent en circulant rapidement au contact des tubes des étages supérieurs, puis la vapeur ainsi formée se dessèche dans les tubes des deux ou trois derniers rangs avant d'arriver au cylindre épurateur (/), où elle abandonne les impuretés qu'accidentellement elle pourrait entraîner avec elle.

La vapeur s'échappe du collecteur supérieur en passant à travers les petits orifices du tube diviseur de prise de vapeur (*j*), qui occupe toute la longueur du collecteur supérieur. Ce tube, dont les orifices sont calculés et répartis d'après la force et la dimension des appareils, équilibre et régularise le travail des diverses séries, en s'opposant aux ébullitions saccadées ou soulèvements d'eau, qui en son absence se produisaient dans les séries de tubes les plus rapprochées du tuyau de prise de vapeur, par suite de l'action dépressive ou succion que la proximité de ce tuyau exerçait sur leur orifice supérieur.

Si le niveau d'eau était volontairement ou accidentellement maintenu trop élevé, l'eau provenant des gouttelettes qui seraient alors entraînées jusque dans le collecteur supérieur (*d*) retournerait dans le cylindre-niveau (*e*), par le tuyau qui le met en communication avec le bout du tube collecteur supérieur.

Sur le cylindre épurateur se font les prises pour la soupape à vapeur et les divers besoins du travail.

Les avantages réalisés pratiquement par les générateurs perfectionnés dont nous venons de donner la description abrégée sont nombreux et importants.

Avant de les énumérer, nous voulons encore une fois écrire en grosses lettres, bien saillantes, la première des qualités qui recommandent l'adoption des chaudières Belleville : l'INEXPLOSI-BILITÉ.

Ce mot à lui seul est une conquête ; mieux que ce long et minutieux travail, il dit le service immense rendu à l'humanité ; et par les économies de vie ou de santé plus que par les économies d'argent ou de temps, les découvertes me touchent. En dépit du proverbe inventé par quelque paresseux endurci, le temps perdu se retrouve, rien qu'en évitant les occasions d'en perdre davantage et en doublant les bouchées de travail ; mais la vie !... quand elle nous quitte, elle ne nous laisse pas même courir après elle. Avec sa sœur *la mort*, impossible de rebrousser chemin.

Saluons donc comme une amie une invention

qui vient à nous bienfaisante, et apporte avec elle la sécurité. En voulez-vous un exemple? On a fait tout ce qu'il fallait pour faire sauter un gé—nérateur Belleville : c'était en 1855 ; sur la demande de l'inventeur, une commission, nommée par le ministre de la marine et présidée par M. Choppart, alors capitaine de vaisseau, fit une expérience pour vérifier quelles pourraient être les conséquences d'une rupture ou sorte d'explosion des générateurs Belleville.

On fit chauffer un appareil jusqu'à la température rouge et on éleva graduellement la pression en chargeant progressivement la soupape régulatrice. Lorsqu'on eut atteint l'énorme pression de 27 à 28 atmosphères, on entendit un sifflement dans l'appareil, la machine se ralentit, puis s'arrêta, et tout fut dit. Inspection faite, on constata qu'un des tubes, ayant atteint la température du rouge-cerise, s'était entr'ouvert sur une longueur de 5 à 6 centimètres ; le générateur s'était vidé par cette ouverture et la vapeur s'était échappée par la cheminée. Ce fut tout !

Autant de morts que de blessés, personne.

Les avantages secondaires dont je donnerai maintenant une rapide énumération ont une importance relative que les hommes spéciaux ne dédaigneront pas. C'est pour eux que je dresse cette liste.

Petit volume (cinq à six fois moindre que celui des dangereuses chaudières à bouilleurs); et de là, possibilité, fort utile dans les usines situées dans les villes où les vastes emplacements sont rares, d'appliquer de grandes puissances dans un espace très-réduit. On a compris que cette diminution de volume s'obtient par ce fait que dans ces générateurs toutes les surfaces métalliques contenant l'eau et la vapeur sont comme plongées dans la chaleur du foyer, tandis que dans les chaudières à bouilleurs, seules les surfaces inférieures reçoivent l'action du feu.

La promptitude de mise en pression (10 ou 15 minutes), sans même parler de la question d'économie d'argent, sera tout particulièrement appréciée pour la marine, ainsi que la faculté d'obtenir en quelques instants une augmentation de

pression et par conséquent de puissance pour ga-
gner en vitesse, vaincre un obstacle ou un excès
de résistance momentanée. Sur terre les locomotives la mettront à profit pour gravir une rampe ;
sur mer, les navires, pour franchir un courant,
éviter l'ennemi, ou, ce qui est plus français, pour
l'atteindre plus violemment et plus vite.

Dans toutes les applications de la vapeur, les
arrêts nécessités par la réparation des appareils
imposent une grande gêne à ceux qui leur de-
mandent un usage journalier. On remplace un
homme qui fait défaut, on ne remplace pas l'ou-
til qui donne du travail à tout un atelier. Si
en mer une chaudière mise hors de service
jette un capitaine dans le plus grand embarras,
sur terre l'industriel ne se trouve guère plus à son
aise ! Un chômage peut s'ensuivre, et par contre
le vent des mauvaises affaires peut souffler.

Donc bien venue soit la chaudière qui en quelques heures permet de remplacer sa partie ma-
lade par une partie valide ! Dans les appareils
Belleville, un tube vient-il à se détériorer, vite

un autre de rechange est prêt à reprendre son service. La série de tubes dans laquelle s'est produite l'avarie est sortie de l'enveloppe générale, et la réparation se fait avec la même facilité que l'opération qui consiste à nettoyer les tubes intérieurement pour les débarrasser des dépôts calcaires, et extérieurement du noir de fumée qui peut isoler du métal l'action du feu.

Mais les réparations sont peu fréquentes; elles ont été prévues par la liberté de dilatation laissée à toutes les parties des générateurs, qui ainsi ne subissent aucune déformation pouvant amener des fuites.

Je pourrais encore vous citer et la légèreté relative des appareils, si utile pour les locomobiles dont la lourdeur défonce si déplorablement les routes, et qui s'embourbent dans le sol mal affermi des champs; et la production directe d'une vapeur sèche (1) sans recourir à ces surchauffeurs

---

(1) La vapeur sèche se comporte comme le ferait un gaz; sa température étant plus élevée que celle nécessaire à sa formation, elle est exempte des gênantes con-

spéciaux indépendants de la chaudière, qui souvent rendent la vapeur trop brûlante et nuisible aux organes des machines. Mais il me faut bien parler aussi des économies d'argent nécessaires aujourd'hui plus que jamais pour soutenir les concurrences étrangères. Une économie de charbon, mais c'est une diminution correspondante dans le prix de vente de l'objet fabriqué ; mais c'est la fortune pour qui réalise le premier ce progrès, car c'est la préférence accordée à ses produits partout où ils se présentent ; c'est un moyen de faire contre-poids à l'élévation des salaires. Que m'importe en effet que mon ouvrier gagne dix centimes de plus que celui de mon concurrent, si, ces dix centimes, je les regagne par une économie de charbon ? Or, je l'ai dit plus haut, pour les embarcations, les générateurs Belleville ont donné jusqu'à 40 0/0 d'économie de combustible. Admettons que pour toutes autres applications, ils ne donneraient que 30 0/0, que 20 0/0

---

densations et revaporisations qui se produisent à contre-temps dans les cylindres des machines.

si vous voulez; avouez que voilà encore un bon point à leur actif, et cela parce que la chaleur y est bien utilisée, que les surfaces de chauffe, habilement groupées près du foyer, baignent dans le feu, et que l'active circulation de l'eau et de la vapeur à l'intérieur des tubes absorbe le calorique au fur et à mesure que le métal le reçoit.

Je m'arrête, et pourtant ce sujet que j'ai retourné sous toutes les faces pourrait m'entraîner encore bien loin. Ce n'est que fort de mon étude que j'ai pris la plume. J'ai interrogé sur cent points l'inventeur, je l'ai mis à la question, je l'ai confessé. Eh bien, la meilleure preuve qu'il m'a convaincu, c'est le travail que j'ai rédigé en faveur de son système, qui, je l'espère bien, ne tardera pas à occuper partout la place qu'il mérite.

Songez donc, *inexplosible !* et dites-vous qu'un kilogramme d'eau en se vaporisant produit *sensiblement* plus de force qu'un kilogramme de poudre se transformant en gaz par son inflammation. Ce *sensiblement* doit donner à réfléchir aux plus hardis et assurer la vogue aux générateurs Belleville.

Puissions-nous n'avoir bientôt plus à enregistrer ces tristes Faits divers qui ne racontent que trop souvent des malheurs irréparables occasionnés par des explosions de chaudières! Cela se peut désormais, cela sera. Ce jour-là, qui ne saurait venir trop tôt, le bon sens réalisera les promesses de ce travail : *un vrai progrès*.

PAUL DALLOZ.

Extrait du *Moniteur universel* des 30 avril,
7 et 28 mai 1866.

Paris. — Typographie E. Panckoucke et Cᵉ, quai Voltaire, 13

Paris, typographie E. Panckoucke et Cie, quai Voltaire, 13.

9 782019 303471